NHK for School

微观世界放大看

全5册

1 动物的腿

日本NHK《微观世界》制作班 编著

[日]长谷川义史 绘

王宇佳 译

中国出版集团 现代出版社

目 录

这是谁的"腿"？

第7页

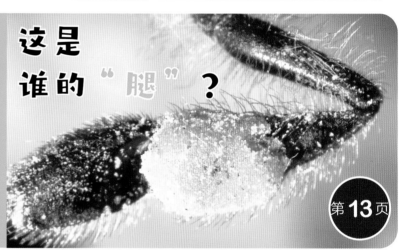

这是谁的"腿"？

第13页

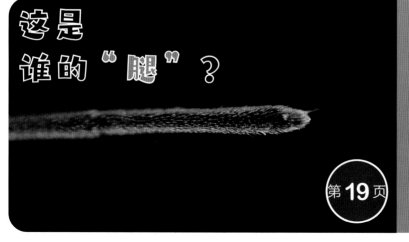

这是谁的"腿"？

第19页

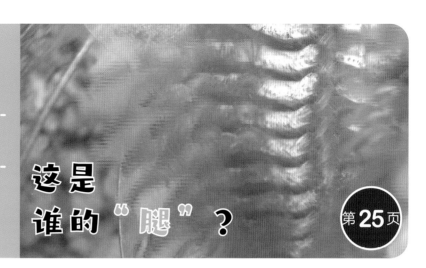

这是谁的"腿"？

第**25**页

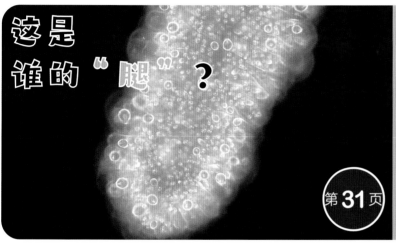

这是谁的"腿"？

第**31**页

这是谁的"腿"？

第**37**页

本书的使用方法

微观世界是指我们用肉眼看不见的微小世界。
本书将带领大家从微观角度观察生物的身体结构和行为，解读生物身体的奥秘。

第1步 一边看照片，一边思考

这是什么生物的照片？开动脑筋想一想吧。

第2步 仔细观察生物的身体结构

仔细观察照片中生物的身体结构。在微观世界里，我们能发现哪些有趣的东西呢？

这里会公布答案！然后继续放大该生物的"腿"，并为大家解说某种结构的功能。

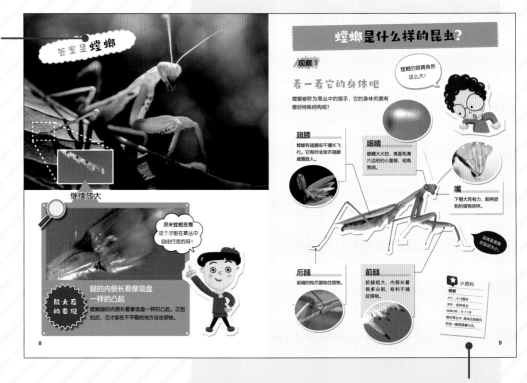

这里是生物的基本资料。

第3步 继续观察和探究

继续放大该生物或仔细观察它的行为，探究其中不可思议之处。

这里将提出一个最受关注的问题！下一页的"不可思议大调查！"会跟大家一起讨论这个问题。

从微观世界找出的答案都用粉色记号笔做了标注。

第4步 进一步独立研究这种生物吧

让我们进一步调查前面介绍过的这种生物吧。这里会提出 4 个有趣的问题，需要小读者独立寻找答案。大家可以复印书后的发现笔记，将调查的过程和结果记录在上面！

下面就开始我们的微观世界之旅吧！

本书中的登场人物

大眼睛

微观世界的向导。它有一双标志性的大眼睛，可以放大任何东西。它不仅博学，还擅长教导小朋友。

小飞

小学四年级的学生。喜欢学习理科。他非常喜欢动物，在学校里担任生物课代表。他生性勇敢，好奇心也很强。性格直率，有一说一。

小浩

小学四年级的学生。喜欢上体育课。他的家接近大自然，他平时喜欢到处捉虫、捕鱼。他性格率真，非常耿直。

祐树

小学四年级的学生。喜欢学习数学，其他学科也学得很好。比起外出玩耍，更喜欢在家里玩电脑。他的梦想是长大成为一名科学家。

小舞

小学四年级的学生。喜欢上音乐课和美术课。最喜欢耀眼发光的东西。性格稳重大方。有点害怕虫子。

这是谁的"腿"？

答案是**螳螂**

继续放大

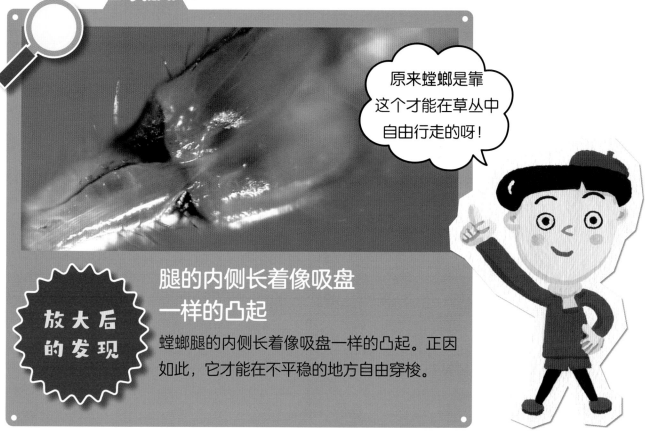

原来螳螂是靠这个才能在草丛中自由行走的呀！

放大后的发现

腿的内侧长着像吸盘一样的凸起

螳螂腿的内侧长着像吸盘一样的凸起。正因如此，它才能在不平稳的地方自由穿梭。

螳螂是什么样的昆虫?

看一看它的身体吧

螳螂被称为草丛中的猎手,它的身体究竟有哪些特殊结构呢?

螳螂的眼睛竟然这么大!

翅膀

螳螂有翅膀却不擅长飞行。它有时会张开翅膀威慑敌人。

眼睛

眼睛大大的,表面布满六边形的小复眼,视角宽阔。

嘴

下颚大而有力,能将捉到的猎物咬碎。

这就是螳螂的实际大小。

后腿

前端的钩爪能钩住猎物。

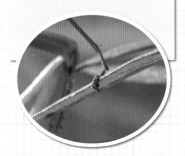

前腿

前腿粗大,内侧长着很多尖刺,有利于捕捉猎物。

★ 小资料

螳螂

大小:6~9厘米

食物:各种昆虫

观察时期:8~11月

躲在草丛中,身体总是被风吹动一般摇摆着行走。

9

看一看它的行为吧

接下来，我们将要观察螳螂的行为。
它会如何使用粗大的前腿和发达的下颚呢？

螳螂不愧是草丛中的猎手，它抓到蚱蜢了！

捕捉猎物

螳螂常躲在花朵附近，将前腿上的尖刺作为武器，伏击前来采食花蜜或花粉的昆虫。它能瞬间出击，一旦捕获猎物就再也不会松开。

吞食猎物

螳螂会将猎物咬碎后吃掉。准备产卵的雌性螳螂食欲尤其旺盛，它会将蚱蜢、蜜蜂和蝴蝶等昆虫一只一只地送入口中。

用前腿搓眼睛

狩猎结束后，螳螂会舔舐前腿，然后用前腿搓眼睛。它是在洗脸吗？

螳螂在洗脸吗？动作跟猫很像。

它究竟在干什么呢？

10

不可思议 大调查！

让我们在上一页观察的基础上继续放大看一看吧。

放大螳螂的眼睛

螳螂进食时眼睛会沾上一些黄色的粉末。

放大螳螂的前腿

螳螂用来搓眼睛的前腿上，究竟隐藏着什么秘密呢？继续放大看一看。

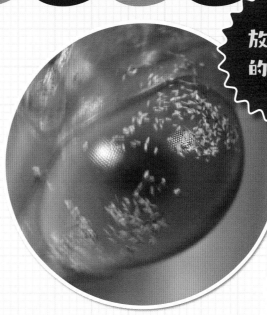

放大后的发现

这些黄色粉末是花粉哦！

螳螂真爱干净呢！

继续放大

放大后的发现

前腿内侧长着细细的毛。这些毛能将螳螂狩猎时沾在身上和眼睛上的花粉刷掉。

密密麻麻的毛！

大家可以进一步研究螳螂哦！

螳螂的卵为什么是泡状的?

螳螂能像变色龙一样变色吗?

雌螳螂真的会吃雄螳螂吗?

螳螂为什么不群居生活呢?

大家可以复印书后的发现笔记，将调查结果记录下来!

这是谁的"腿"？

腿上有一团黄色的东西，究竟是什么呢？

密密麻麻全是毛！看起来毛茸茸的！

答案是**蜜蜂**

继续放大

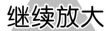

蜜蜂会用采集到的
花粉喂食幼虫。

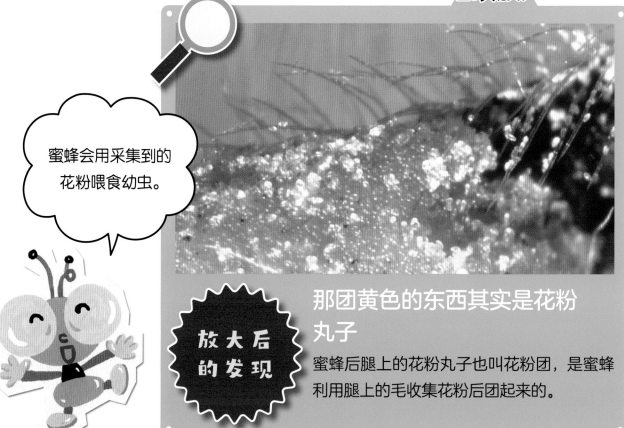

**放大后
的发现**

那团黄色的东西其实是花粉
丸子

蜜蜂后腿上的花粉丸子也叫花粉团，是蜜蜂
利用腿上的毛收集花粉后团起来的。

蜜蜂是什么样的昆虫？

观察 1

看一看它的身体吧

蜜蜂经常在花朵周围飞来飞去，它的身体究竟有哪些特殊结构呢？

蜜蜂身上长满了毛！

头

蜜蜂的头部覆盖着一层绒毛，当它吸食花蜜时，花粉就会落在这些绒毛上。

螯针

雌蜂尾部长着一根有毒的螯针。

后腿

没有花粉团时，后腿的形状就像一个小篮子。

中间有一根长毛，起支撑花粉团的作用。

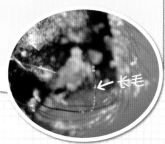

←长毛

嘴

长长的嘴形似吸管，用于吸食花蜜。

真的呀！只有一根较长的毛！

⭐ 小资料

蜜蜂

大小：工蜂 10~13毫米

食物：花粉团和花蜜团

观察时期：3~11月

蜜蜂会建一个大大的巢，过群居生活。

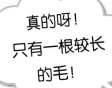

观察 2

看一看它的行为吧

接下来，我们将要观察蜜蜂的行为。
它是如何制作花粉团的呢？

我会搓泥团！

1 吸花蜜

用前腿刷头部！

蜜蜂会将头部埋入花中吸花蜜，
这时花粉就会落在绒毛上。

2 用前腿收集花粉

前腿内侧长着
花粉刷！

用前腿收集落在头上和嘴上
的花粉。

3 将花粉集中到后腿

刷来
刷去

将花粉从前腿传到中腿，再从中腿传到后腿，最
后将所有的花粉集中到后腿上。

4 最后一道工序

花粉团

花粉团

中间的腿要不断压实后腿收集的花粉，
直至花粉团成形。蜜蜂究竟是如何固定
花粉的呢？

为什么花粉团
不会散开？

16

不可思议 大调查！

让我们继续放大，看看蜜蜂制作花粉团的奇妙过程吧。

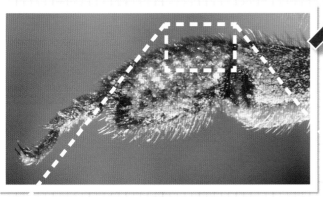

放大蜜蜂的后腿

后腿上究竟隐藏着什么秘密呢？让我们放大后一探究竟吧。

继续放大

蜜蜂的腿可以分泌蜜汁吗？

放大后的发现

后腿上的蜜汁会像胶水一样粘住花粉，这样花粉团就不会散开了！

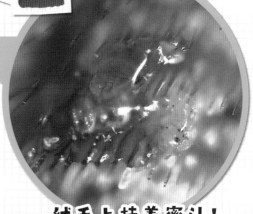

绒毛上挂着蜜汁！

 看一看蜜蜂如何涂抹花蜜

原来是用嘴里吐出的花蜜固定花粉团的！

蜜蜂将吸食的花蜜从嘴里吐出来。

先将蜜汁涂在前腿上，然后蹭到后腿上！

大家可以进一步研究蜜蜂哦！

 蜜蜂如何吸花蜜呢？

 蜜蜂用螫针刺中敌人后，真的会死吗？

 只有蜂后是雌性，其他蜜蜂都是雄性？

 有不干活的工蜂吗？

大家可以复印书后的发现笔记，将调查结果记录下来！

这是谁的"腿"？

像树枝一样又细又直！

腿上的毛比蜜蜂的短。

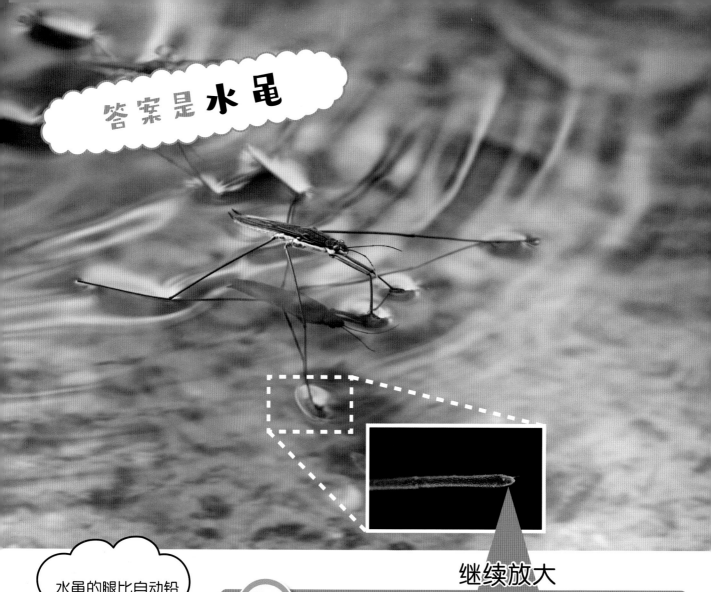

答案是**水黾**

继续放大

水黾的腿比自动铅笔的铅芯还要细！

放大后的发现

水黾的腿粗细只有0.2毫米

水黾的腿跟缝纫机用的线一样细。腿的表面有一层细细的绒毛，前端长着尖尖的钩爪。

水黾是什么样的昆虫?

看一看它的身体吧

水黾是生活在水面上的昆虫,它的身体究竟有哪些特殊结构呢?

体重

水黾的体重非常轻,只有0.02~0.04克。从侧面看,它的腹部并没有贴在水面上。

体重这么轻,不会被风吹走吗?

前腿

水黾用前腿捕猎。前腿虽短却比中腿和后腿粗壮。

翅膀

水黾有两对翅膀,完全发育后即可飞翔。

后腿

水黾用后腿决定前进方向。

嘴

进食时,水黾会将像针一样又细又长的嘴插入猎物体内,吸食其体液。

浮在水面上吃东西真厉害!

中腿

水黾的中腿比前腿、后腿长。

⭐ 小资料

水黾

大小:10~15毫米

食物:落在水面上的昆虫等

观察时期:4~11月

水黾一般生活在水流较缓的水面上,比如池塘、沼泽、小溪等。

看一看它的行为吧

接下来，我们将要观察水黾的行为。
它是如何在水面上生活的呢？

水黾为什么能
站在水面上呢？

站在水面上

水黾的腿并没有进入水里，腿接触的水面像被一层薄膜覆盖着凹了下去（一种名叫表面张力的力在起作用）。

在水面上捕猎

捕猎时，水黾会通过腿上的器官感受水面传来的振动，进而发现猎物并判断猎物的方向。

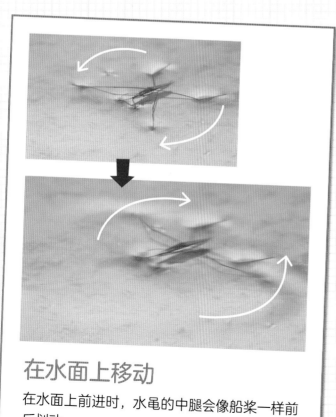

在水面上移动

在水面上前进时，水黾的中腿会像船桨一样前后划动。

摩擦摩擦

摩擦前腿和中腿

仔细观察会发现，水黾经常将两条前腿或两条中腿并到一起摩擦。

它究竟在干什么呢？

不可思议 大调查！

让我们在上一页观察的基础上继续放大看一看吧。

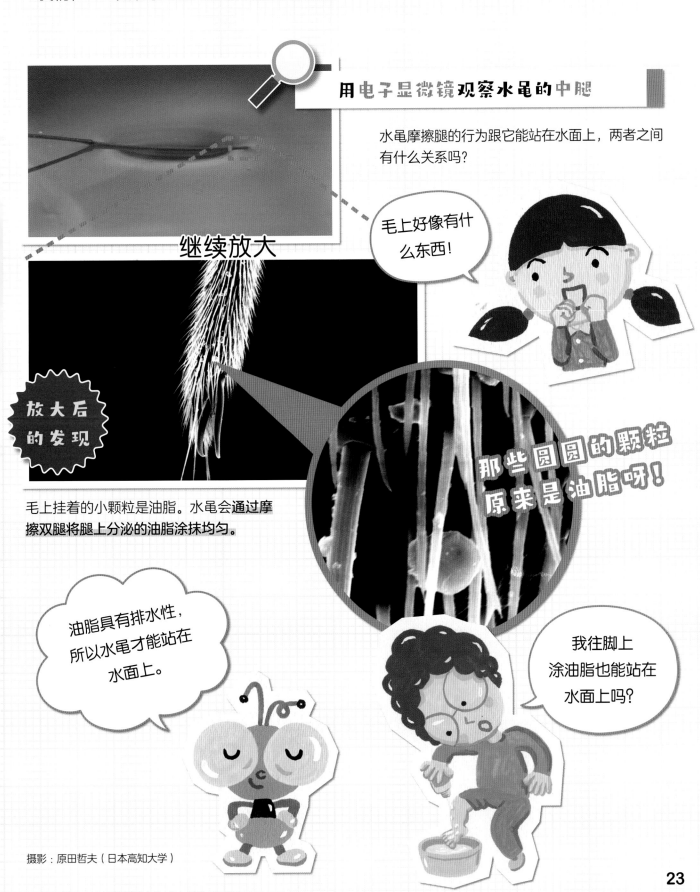

用电子显微镜观察水黾的中腿

水黾摩擦腿的行为跟它能站在水面上，两者之间有什么关系吗？

毛上好像有什么东西！

继续放大

放大后的发现

毛上挂着的小颗粒是油脂。水黾会通过摩擦双腿将腿上分泌的油脂涂抹均匀。

那些圆圆的颗粒原来是油脂呀！

油脂具有排水性，所以水黾才能站在水面上。

我往脚上涂油脂也能站在水面上吗？

摄影：原田哲夫（日本高知大学）

23

大家可以进一步研究水黾哦!

 水黾能潜到水下吗?

水黾刚出生就能在水面上行走吗?

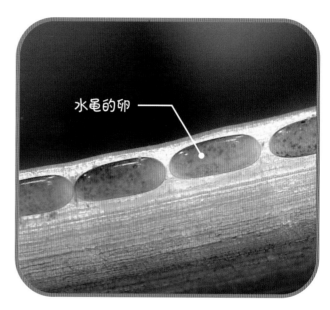

水黾的卵

水黾为什么不会被水流冲走呢?

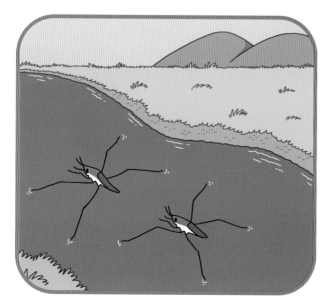

水黾能在地面上生活吗?

24

大家可以复印书后的发现笔记,将调查结果记录下来!

这是谁的"腿"？

答案是**鲎虫**

翻过来看

继续放大

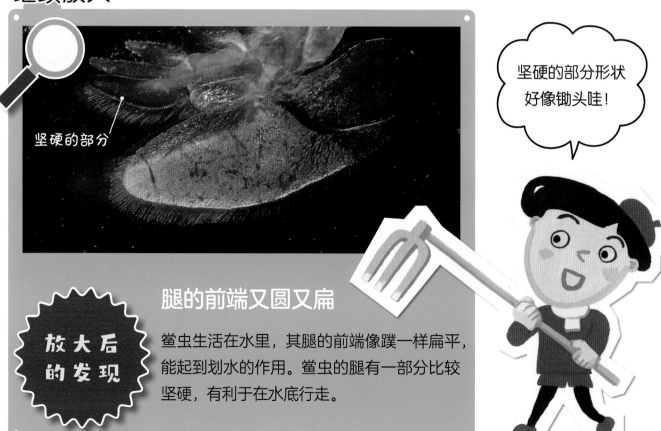

坚硬的部分

坚硬的部分形状
好像锄头哇!

**放大后
的发现**

腿的前端又圆又扁

鲎虫生活在水里,其腿的前端像蹼一样扁平,
能起到划水的作用。鲎虫的腿有一部分比较
坚硬,有利于在水底行走。

鲎虫是什么样的生物?

看一看它的身体吧

鲎虫是非常古老的生物,1亿多年前就生活在地球上了,其形态至今未曾改变。它的身体究竟有哪些特殊结构呢?

鲎虫跟水蚤都属于节肢动物!

尾巴

鲎虫有2条灵活的尾巴,用于控制前进方向。

胸腿

共3对。最长的腿非常灵敏,能感知振动。

这是鲎虫的肚子,没有壳。

鳃腿

鲎虫的鳃腿长在肚子下面,大约有100条。它用这些腿将水送到鳃部,进行呼吸。

壳

鲎虫的头部和胸部覆盖着一层硬壳,就像日本武士穿着的铠甲。

真的耶!
2只大眼睛之间长着1只小眼睛!

眼睛

头上有3只眼睛。

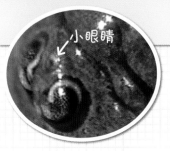

小眼睛

★ 小资料

鲎虫

大小	约3厘米
食物	泥中的生物残骸、藻类、浮游生物等
观察时期	6~8月

鲎虫主要生活在水田里。

27

观察2
看一看它的行为吧

接下来，我们将要观察鲎虫的行为。
它是如何在水田里生活的呢？

好厉害呀！动作快到眼睛都跟不上了！

在水中来回游动
鲎虫是游泳健将。它会用上百条腿一起划水，所以游动的速度非常快。

在水田底部行走
鲎虫的动作非常灵敏，除了游泳，它还能在水底行走。繁殖时，鲎虫会将卵产在泥里。

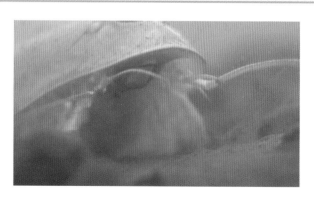

在泥里寻找食物
鲎虫会在泥里翻找微生物或杂草等食物。因为鲎虫吃掉了杂草，所以水田里的稻子都长得很好。

因为这一特点，鲎虫在日本也被称为"草取虫"。

鲎虫究竟如何进食呢？

不可思议 大调查！

让我们继续放大，看看鲎虫进食的奇妙过程吧。

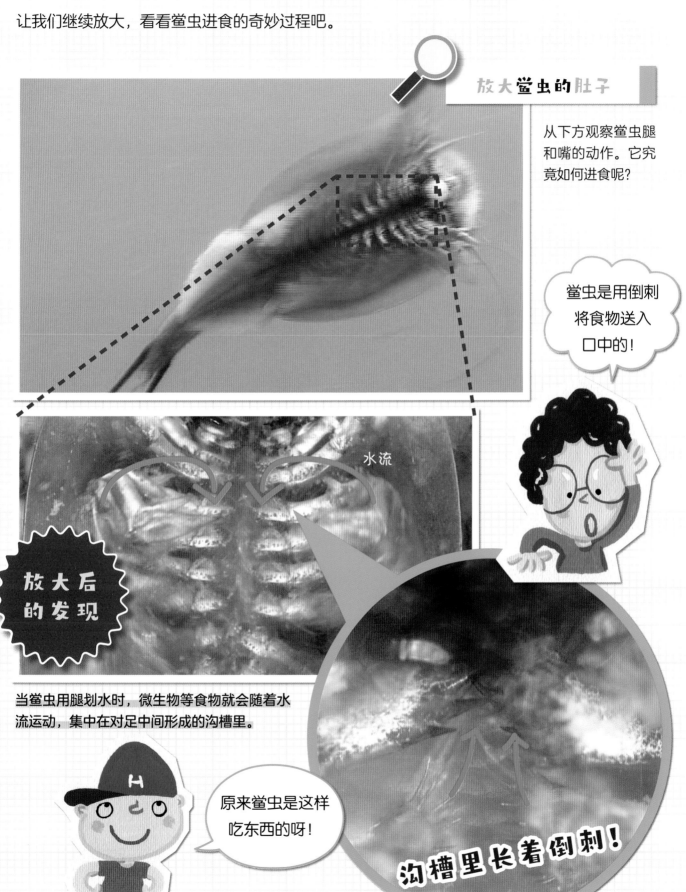

放大鲎虫的肚子

从下方观察鲎虫腿和嘴的动作。它究竟如何进食呢？

鲎虫是用倒刺将食物送入口中的！

放大后的发现

水流

当鲎虫用腿划水时，微生物等食物就会随着水流运动，集中在对足中间形成的沟槽里。

原来鲎虫是这样吃东西的呀！

沟槽里长着倒刺！

大家可以进一步研究鲎虫哦!

 水田里没有水的时候，鲎虫会在哪里呢?

 鲎虫要经过多次蜕皮才能长大吗?

 鲎虫的壳到底有多硬?

 中华鲎跟鲎虫之间有什么关系吗?

中华鲎

✏️ 大家可以复印书后的发现笔记，将调查结果记录下来!

答案是 **水螅**

观察水螅的动作

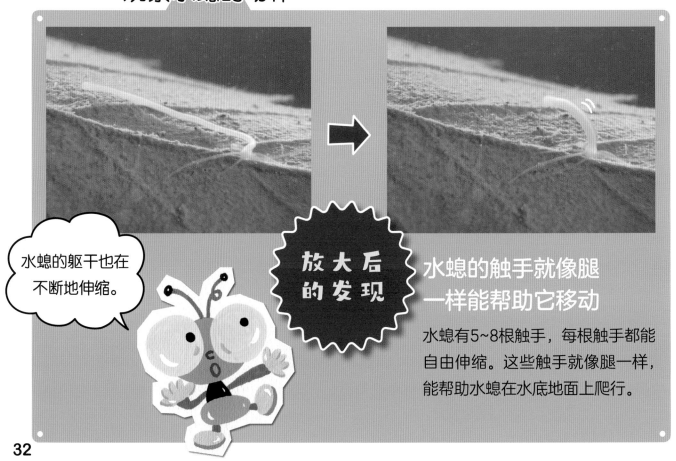

水螅的躯干也在不断地伸缩。

放大后的发现

水螅的触手就像腿一样能帮助它移动

水螅有5~8根触手，每根触手都能自由伸缩。这些触手就像腿一样，能帮助水螅在水底地面上爬行。

水螅是什么样的生物？

看一看它的身体吧

水螅在水里移动时会不断扭动身体，它的身体究竟有哪些特殊结构呢？

嘴的周围长着触手！

触手

多块肌肉如锁链般连在一起。伸展时比收缩时长很多。

伸展时变长！

收缩时变短！

嘴

水螅的嘴能张得很大。它会将猎物一口吞下。

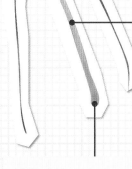

身体

身体内部像管子一样是中空的。食物会进入这里被消化吸收。

基盘

水螅的基盘具有吸附能力，能吸附在植物等水底的物体之上。

要是我的手也能伸长就好了。

嗯

⭐ 小资料

水螅

大小：约10毫米

食物：浮游生物等

观察时期：一整年

水螅会吸附在水池、沼泽底部的岩石或水草上。

看一看它的行为吧

水螅被称为水中神射手，看看它如何狩猎。

接下来，我们将要观察水螅的行为。它是如何利用长长的触手在水中生活的呢？

1 捕获猎物

水蚤

水螅会躲在一处静待猎物上门，一旦猎物靠近，它就以迅雷不及掩耳之势用触手捕获猎物。右图靠近的是水蚤。

2 麻痹猎物

有东西刺中它了！

放大后的发现

继续放大

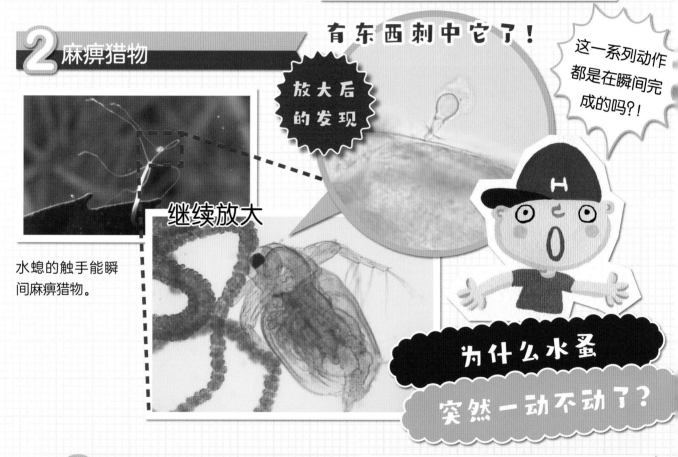

水螅的触手能瞬间麻痹猎物。

这一系列动作都是在瞬间完成的吗?!

为什么水蚤

突然一动不动了？

3 一口吞下猎物

水螅吃东西时会一口吞下食物。从右图中可以看出，进入水螅体内的水蚤依然保持原样。

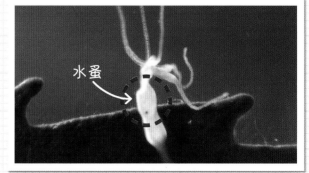

水蚤

不可思议 大调查！

让我们继续放大，看看水螅触手的奇妙之处吧。

看一看触手的动作

触手捕获水蚤的瞬间，究竟发生了什么呢？让我们给触手一些外界刺激，然后放大看看吧。

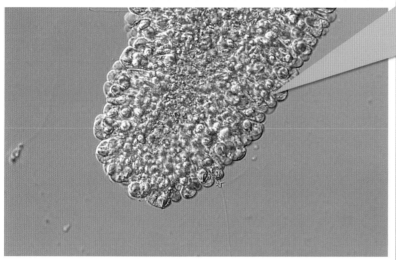

给触手一些外界刺激……

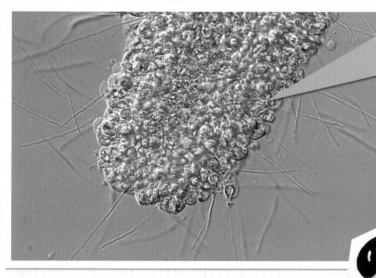

【飞出去之前】

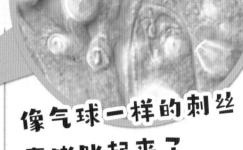

像气球一样的刺丝囊膨胀起来了

【飞出去之后】

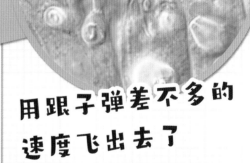

用跟子弹差不多的速度飞出去了

如气球一般的刺丝囊胀破后，射出很多像线针一样的刺丝和刺针！刺针有毒，水螅就是依靠它们来麻痹猎物的。

原来刺中水蚤头部的就是这个啊！

35

大家可以进一步研究水螅哦!

 水螅有眼睛吗?

 水螅的身体被切断了还能活,这是真的吗?

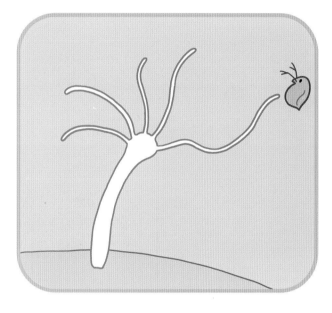

 水螅是怎样繁殖的?

 水螅跟哪种生物有亲缘关系?

🖊 大家可以复印书后的发现笔记,将调查结果记录下来!

这是谁的"腿"？

前端分了三个叉?

既没有钩爪也没有毛。

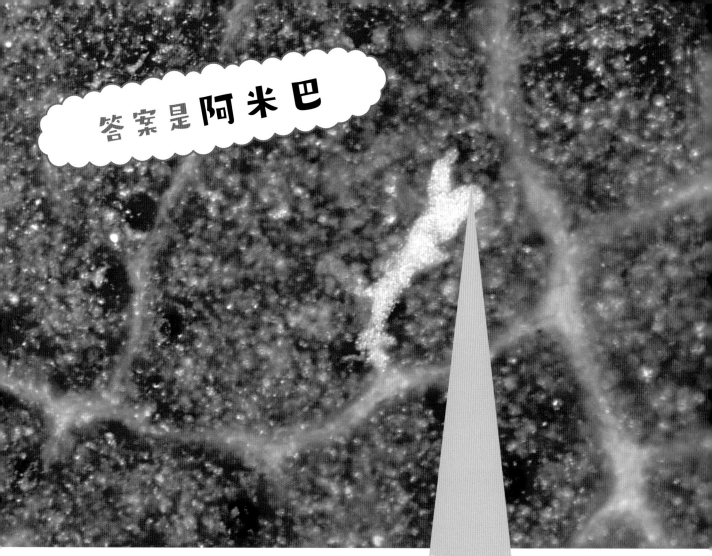

答案是**阿米巴**

放大后观察阿米巴腿的动作

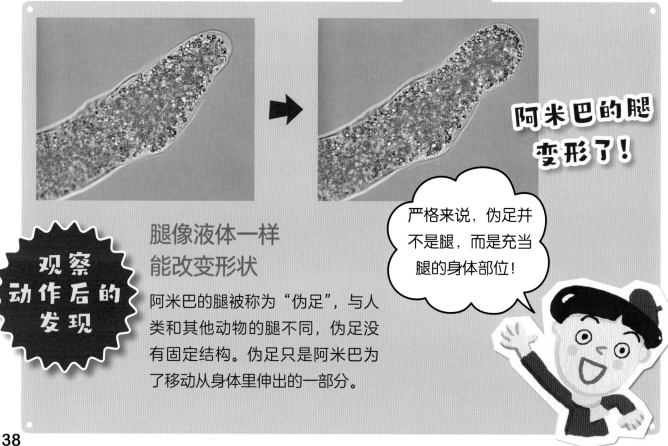

**阿米巴的腿
变形了！**

**观察
动作后的
发现**

腿像液体一样
能改变形状

阿米巴的腿被称为"伪足"，与人
类和其他动物的腿不同，伪足没
有固定结构。伪足只是阿米巴为
了移动从身体里伸出的一部分。

严格来说，伪足并
不是腿，而是充当
腿的身体部位！

阿米巴是什么样的生物？

看一看它的身体吧

据说，阿米巴的形状总是变来变去，一生都不会重样。这样无时无刻不在变化的身体究竟有哪些特殊结构呢？

伪足

像从身体中流淌出来一样，一刻不停地改变着形状。阿米巴依靠伪足移动并捕捉猎物。

身体的颜色

阿米巴通体透明，里面有很多小颗粒。

表面无毛。

身体由1个细胞构成，属于"单细胞生物"。

与伪足相反的一侧是类似尾巴一样的结构。因种类不同，这部分的形状也有所不同。

【阿米巴的内部结构】

细胞核

位于中心、呈圆形。没有它，细胞就无法存活。

伸缩泡

位于伪足相反的一侧，主要功能是将进入体内的水排出。

⭐ 小资料

阿米巴

大小：约0.5毫米

食物：细菌等

观察时期：一整年

栖息在江河、湖泊、水池、沼泽、水田、游泳池等有水的地方，会在落叶或水草上爬来爬去。

同为单细胞生物，但形态千差万别！

其他单细胞生物

除了阿米巴，下面这些生物也是单细胞生物。

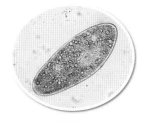

草履虫

新月藻

酵母菌

看一看它的行为吧

接下来，我们将要观察阿米巴的行为。
能随意变形的阿米巴是怎样生活的呢？

仔细看就像
怪物一样！

1 当猎物接近时

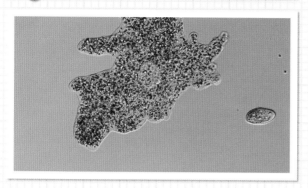

阿米巴会吃比自己小的微生物。当它察觉有猎物接近时，就开始变形了。

2 伸长伪足，改变身体形状

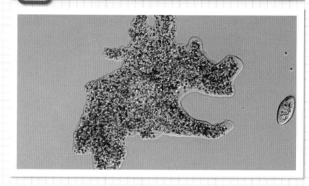

阿米巴的伪足会慢慢地分成2条，像手臂一样环抱着，等待猎物自投罗网。

3 捕获猎物

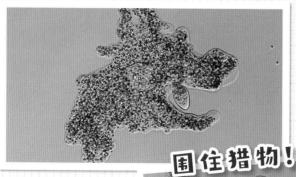

一旦猎物进入狩猎范围，阿米巴就迅速合拢伪足，将猎物围起来。

围住猎物！

4 将猎物拉到身体里

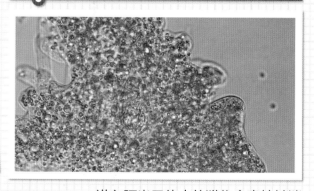

进入阿米巴体内的猎物会直接被消化，然后变成阿米巴身体的一部分。在这个过程中，伪足相当于阿米巴的嘴。

阿米巴吃了东西变大后会发生什么呢？

不可思议 大调查 !

阿米巴因为吃了微生物而变大，这之后又会发生什么呢？

隔一段时间后继续观察

阿米巴的身体中央凹下去了。之后还会发生什么呢？

真奇怪，这样下去会变成什么呢？

再过一会儿……

阿米巴的身体一分为二了！

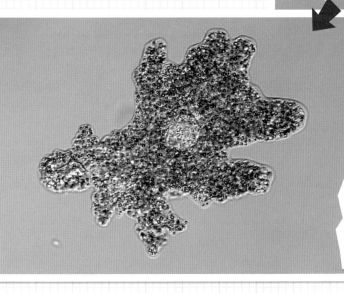

阿米巴是用简单分裂的方式繁殖的。

阿米巴一分为二之后，新个体会各自活动、寻找猎物。

大家可以进一步研究阿米巴哦!

 阿米巴一天能分裂几次?

 阿米巴能在没有水的地方生活吗?

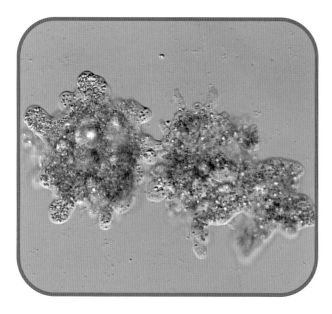

 阿米巴可以一直活着吗?

 阿米巴分雌雄吗?
它们怎么生小宝宝呢?

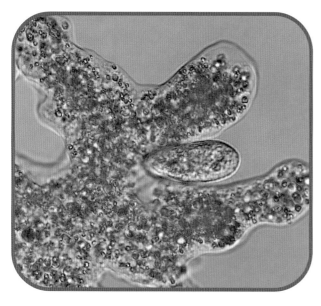

大家可以复印书后的发现笔记,将调查结果记录下来!

自主学习的方法

如果大家想继续学习相关的知识，可以采用下面 4 种方法。除此之外，还可以询问长辈，或是跟小朋友一起研究。

从书本上学习

到学校图书馆或公共图书馆查找相关的书籍或图鉴。如果不知道要查的书放在哪里，可以询问图书馆的工作人员。

从互联网上学习

利用关键词在互联网上进行检索。网上有很多面向儿童的科普网站，会将知识通俗易懂地呈现出来。

观察或做实验

大家还可以到野外观察，或者做一些有趣的实验。不过一定要注意安全，千万不要进入危险场所或进行危险的实验。

询问老师或家长

有些问题可以直接询问老师或家长。如果碰到有关生产的问题，可以到工厂参观，向专业人士请教。

去探险！ 水田里的微观世界

 初夏，插完秧的水田里栖息着各种各样的生物！
快来看一看，有没有你见过的？

浮萍

（叶片直径约5毫米）
漂在水面上的植物。被水冲到哪里就会在哪里扎根、繁殖，最后覆盖整个水面。

水蚤

（体长0.5～2毫米）
水蚤虽然很小，却跟虾蟹有亲缘关系。它的身体上覆盖着一层硬硬的壳。

水绵

（直径约0.03毫米）
浮游植物的一种。单独存在时肉眼看不见，数量众多时能从水面上看到一片绿色。

水黾

（体长10~15毫米）
水黾能用桨一样的长腿在水面上快速滑行。
→第20~23页有详细的介绍！

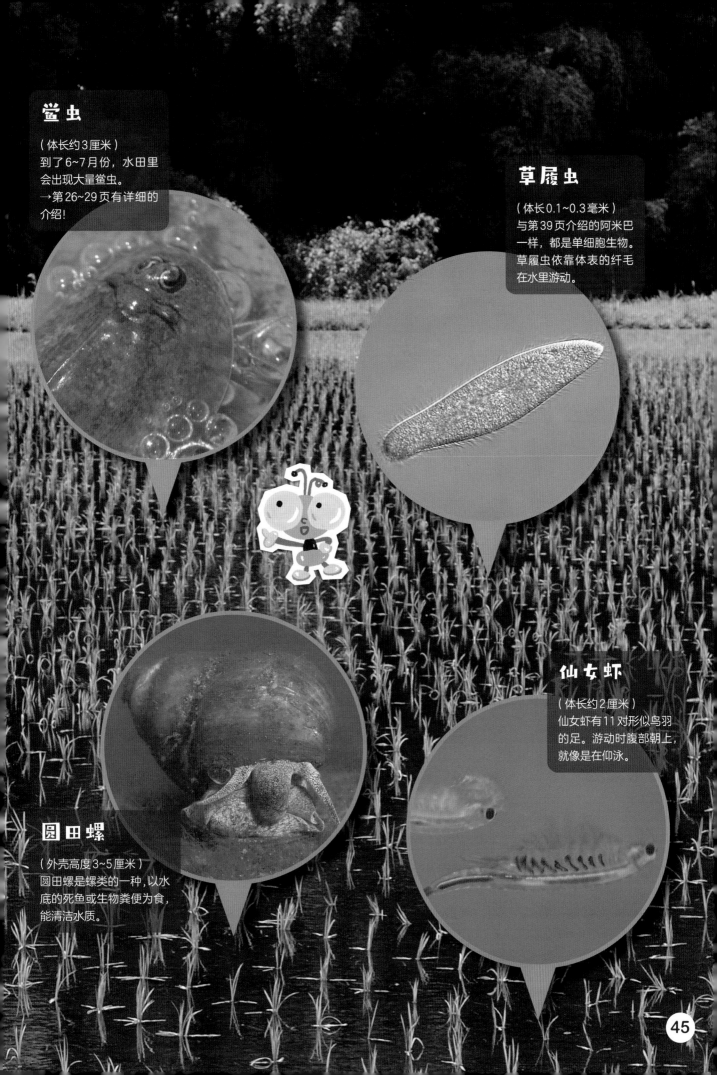

鲎虫

（体长约3厘米）
到了6~7月份，水田里
会出现大量鲎虫。
→第26~29页有详细的
介绍！

草履虫

（体长0.1~0.3毫米）
与第39页介绍的阿米巴
一样，都是单细胞生物。
草履虫依靠体表的纤毛
在水里游动。

仙女虾

（体长约2厘米）
仙女虾有11对形似鸟羽
的足。游动时腹部朝上，
就像是在仰泳。

圆田螺

（外壳高度3~5厘米）
圆田螺是螺类的一种，以水
底的死鱼或生物粪便为食，
能清洁水质。

发现笔记的写法

※ 书后的发现笔记仅为样例，最好先复印下来，不要直接往上写哦。

下面给大家讲讲发现笔记的具体写法。

大家可以参考后面的范例，将自己调查的内容填写上去。

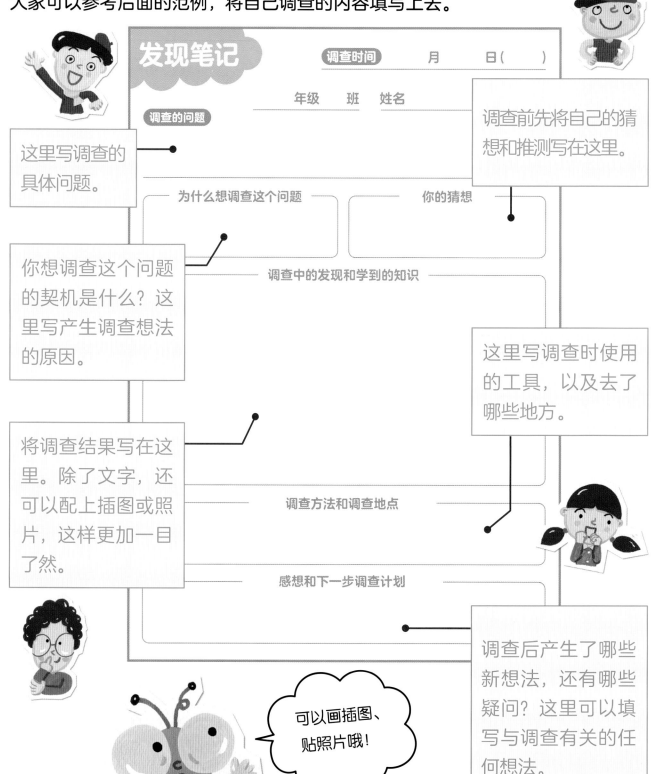

发现笔记

调查时间　　　　月　　　日（　　）

年级　　　班　　　姓名

调查的问题

为什么想调查这个问题　　　　　　你的猜想

调查中的发现和学到的知识

调查方法和调查地点

感想和下一步调查计划

这里写调查的具体问题。

你想调查这个问题的契机是什么？这里写产生调查想法的原因。

将调查结果写在这里。除了文字，还可以配上插图或照片，这样更加一目了然。

调查前先将自己的猜想和推测写在这里。

这里写调查时使用的工具，以及去了哪些地方。

调查后产生了哪些新想法，还有哪些疑问？这里可以填写与调查有关的任何想法。

可以画插图、贴照片哦！

46

发现笔记

调查时间	月 日( )

3 年级 1 班　姓名 竹内泰明

调查的问题

螳螂的卵为什么长得像泡泡?

为什么想调查这个问题

上学途中发现了螳螂的卵。

你的猜想

螳螂宝宝更容易从泡泡状的卵中出生。

调查中的发现和学到的知识

外侧软

泡泡状的卵能帮助螳螂宝宝抵御寒冷。即使卵撞在草或树枝上,里面的螳螂宝宝也不会受伤。

内侧硬

调查方法和调查地点

图书馆、网络检索

感想和下一步调查计划

我想看看螳螂宝宝从卵里出生的过程。

发现笔记

调查时间	5 月 4 日(周一)

3 年级 1 班　姓名 窪山樱

调查的问题

蜜蜂是怎样吸花蜜的?

为什么想调查这个问题

因为我很喜欢小蜜蜂。

你的猜想

蜜蜂用嘴舔花蜜。

调查中的发现和学到的知识

蜜蜂会将吸食的花蜜储存在肚子里,然后运回蜂巢。到了蜂巢,它便将花蜜吐出交给其他蜜蜂。

嘴像吸管一样

调查方法和调查地点

图书馆

感想和下一步调查计划

我想知道蜜蜂如何将花蜜酿成蜂蜜。

看一看其他小朋友写的发现笔记吧

发现笔记

调查时间	5 月 7 日(周四)

4 年级 4 班　姓名 千叶实里

调查的问题

水黾能潜水吗?

为什么想调查这个问题

因为从来没看过水黾潜水的样子。

你的猜想

水黾可以潜水。

调查中的发现和学到的知识

没有观察到水黾潜水时的样子。
网上说,水黾只有产卵时才会潜入水中。

调查方法和调查地点

网络检索

感想和下一步调查计划

水黾的巢在哪里?

发现笔记

调查时间	10 月 7 日(周三)

4 年级 1 班　姓名 上田优菜

调查的问题

阿米巴分雌雄吗?

为什么想调查这个问题

因为阿米巴不像人类,不能从外表看出性别。

你的猜想

我觉得应该分雌雄。

调查中的发现和学到的知识

阿米巴不分雌雄。
阿米巴也不生宝宝,它是靠细胞分裂繁殖的。

调查方法和调查地点

图书馆

感想和下一步调查计划

原来还有不分雌雄的生物,真是令人惊讶。我还想知道1只阿米巴最多能分裂几次。

版权登记号：01-2022-5312

图书在版编目（CIP）数据

微观世界放大看：全5册 / 日本NHK《微观世界》制作班编著；(日) 长谷川义史绘；王宇佳译. -- 北京：
现代出版社, 2023.3
ISBN 978-7-5143-9977-6

Ⅰ.①微… Ⅱ.①日… ②长… ③王… Ⅲ.①自然科学—少儿读物 Ⅳ.①N49

中国版本图书馆CIP数据核字（2022）第204784号

微观世界放大看（全5册）

编 著 者	日本NHK《微观世界》制作班
绘　　者	【日】长谷川义史
译　　者	王宇佳
责任编辑	李 昂　滕 明
封面设计	美丽子-miyaco
出版发行	现代出版社
通信地址	北京市安定门外安华里504号
邮政编码	100011
电　　话	010-64267325　64245264（传真）
网　　址	www.1980xd.com
印　　刷	固安兰星球彩色印刷有限公司
开　　本	889mm×1194mm　1/16
印　　张	15.25
字　　数	144千字
版　　次	2023年3月第1版　2023年3月第1次印刷
书　　号	ISBN 978-7-5143-9977-6
定　　价	180.00元

发现笔记

调查时间　　　　月　　　　日（　　　）

年级　　　班　　　姓名

调查的问题

── 为什么想调查这个问题 ──　　── 你的猜想 ──

── 调查中的发现和学到的知识 ──

── 调查方法和调查地点 ──

── 感想和下一步调查计划 ──